水知道答案
（全彩终结版）

每一滴水都有记忆

〔日〕江本胜 著　　陈涤 译

化学工业出版社
·北京·

图书在版编目（CIP）数据

水知道答案（全彩终结版）/〔日〕江本胜著；陈涤译.
—北京：化学工业出版社，2012.1（2024.11重印）
ISBN 978-7-122-13078-5

Ⅰ.水… Ⅱ.①江… ②陈… Ⅲ.水—普及读物 Ⅳ.P33-49

中国版本图书馆CIP数据核字（2011）第272319号

THE HEALING POWER OF WATER by 江本胜
ISBN 978-1401908775
Copyright © 2007 by Hay House, Inc., All rights reserved.
Authorized translation from the English language edition published by Hay House, Inc.,
本书中文简体字版由Hay House, Inc.授权化学工业出版社独家出版发行。
未经许可，不得以任何方式复制或抄袭本书的任何部分，违者必究。
北京市版权局著作权合同登记号：01-2012-0384

责任编辑：王 津 李 倩　　　　装帧设计：芒果设计
责任校对：宋 夏

出版发行：化学工业出版社（北京市东城区青年湖南街13号 邮政编码100011）
印　　装：盛大（天津）印刷有限公司
880mm×1230mm　1/32　印张4¾　字数110千字
2024年11月北京第1版第38次印刷

购书咨询：010-64518888
售后服务：010-64518899
网　　址：http://www.cip.com.cn
凡购买本书，如有缺损质量问题，本社销售中心负责调换。

定　　价：39.80元　　　　　　　　版权所有 违者必究

致谢词

——水是来自多维空间的信使

人体的70%由水构成，如果低于这个比例，人体就会出现老化现象，先是皱纹增多，肌肤变得干巴巴的，然后是记忆力衰退。当含水量下降到50%时，人就会死亡。

　　一般而言，如果完全不喝水，并且皮肤也停止呼吸、代谢的话，人一天也活不下来。

　　我记得以前有过这样一则报道。全身涂满了金粉的舞者突然倒在了舞台上，送到医院后不久就死去了。因为她全身的毛孔都被金粉所堵塞，长时间得不到水分的补给，最终导致死亡。

　　比叡山的僧侣有一种苦行，绕山巡拜千日，最后的考验是身居佛堂九昼夜，不水、不食、不眠、不休、不卧，即不喝水、不吃饭、不睡觉，就连躺着休息也不可以，简直是一种难以想象的苦难。

长达九昼夜完全不喝水，人还能生存吗？答案是否定的。僧侣在这种苦修过程中，每天深夜都要进行一次"汲水"仪式。

名古屋天台宗的寺院住持是我的朋友，他曾为苦修的僧侣充当侍者。据他讲，在佛堂的一隅有一口井，所谓汲水就是走到那里为佛祖取水。经过数日苦难，修行的僧侣已经极度衰弱，几乎不能走路。我朋友的任务就是将其搀扶到井边。

佛堂里的井并非枯井，而是有水的，在月光的映照下，可以望见井里升腾出的水蒸气，就在那一瞬间，修行者脖颈上的毛孔"唰"的一下全张开了，将水蒸气吸进毛孔。正是这种为佛祖举行的汲水仪式挽救了修行者的生命。

比叡山修行的历史已经延续了近千年，实在很难说他们有挽救苦行者的特殊诀窍。

水对我们的身体而言是不可或缺的，可是我们对水却所知甚少。

比如，关于水我们可以提出下列问题：

○为什么水能溶解很多东西？

○水冻成冰，也就是固态的时候，为什么能漂浮在水面上？

○水为什么有那么强大的表面张力？

○在4℃的时候，水的比重最大，为什么？

○为什么水的沸点竟高达100℃？

○水为什么能抗拒地球引力向空中飘浮？

○水为什么能呈现出固态、液态以及气态？

○为什么没有水，一切生命都无法诞生？

○水来自哪里？

○在地球以外还有水吗？

几乎没人能全部回答以上问题。水是构成我们自身的重要物质，没有水我们谁也不能生存，难道不应该尽早把这些问题弄清楚吗？

诸位读者对这些问题挠头并不奇怪，因为至今从未有人能给我们提供答案。父亲也好，母亲也好；学校里的老师也好，科学家也好，他们都不曾告诉过我们。

实际上我们对这种最重要的事情一无所知，也无法获知，所以我们也不了解自己，这实在说不过去。有些疾病我们本该避免，有些行为我们本该远离，比如伤害他人或是被他人所伤，产生不必要的欲望，醉生梦死，不去探寻人生的意义，最后一事无成，甚至自我了断，结果只能用"癫狂"二字形容。

我的第一本书《来自水的口信》从一开始就以全球视点进行编写，所探讨的主题也不仅仅是针对日本人，而是力求得到全人类的理解。所以我打算用日语和英语两种文字出版，还专门委托了翻译公司。虽然出版费用昂贵，但从结果看还是很成功的，很快接到大量的海外订单。

其中来自欧洲的订单格外多，这是有原因的。阿维汉特静子女士40多年来一直居住在荷兰和瑞士，她回日本探亲时，因一次偶然的机会光临了我的事务所，非常喜爱该书的内容，订购了77册。回到欧洲后，她将这些书赠送给了自己的朋友，结果那些人又带来了大量订单。

于是该书引起了德国Koha出版社社长的注意。2001年，德国首次在海外出版了我的著作，书卖得非常好，受此鼓舞，我也成立了德语国家的研讨小组。

后来第二册《水在说》和第三册《水知道答案》也有了德语版，都广受好评，2003年秋，我的书在法兰克福国际书展上成功展出。

2004年，《水知道答案》第一部在美国波特兰市出版。这是法兰克福国际书展上的洽谈结果。非常幸运，该书翌年连续26周登上畅销书排行榜，成为该书在全世界范围内畅销的契机。

在日本，《水知道答案》也卖到了40万册之多，我至今又陆续出版了《水是传递爱的方式》（德间书店）、《水的力量》（讲谈社）等10余部著作，同样在海外多个国家印行，总共被翻译成45种语言，被介绍到70多个国家。

可是，我今天取得这样的成果，却并非因为科学家和传媒机构的力量，而是依靠普通大众口耳相传，也就是说，响应非主流学者号召的，依然还是非主流的学者。

我和Hay House出版社的关系可以追溯到2006年1月出版《水是传递爱的方式》的时候。社长罗伊兹·海伊夫人对该书十分垂爱，我也几次应邀参加了出版社盛大的宣传活动，我甚至出席了海伊夫人80寿辰的派对，赠送给她一张看着她的座右铭"You can heal your life"（生命的重建）而形成的水结晶照片做礼物，她非常高兴。

现在回想起来，本书的确是罗伊兹·海伊夫人这样的出版人为支持我而策划出来的。

部分日本学者注意到了我的网站自2004年开始的影响，于是通过纪录片的形式，将海外的公正评论展

现了出来。

最初的影片《What the Bleep Do We Know?》（《我们到底知道多少》）不但给美国，而且给全世界的知识阶层带来了文化冲击。该片于2004年公映，由奥斯卡女影星玛丽·玛特琳主演，是讲解量子世界的故事性纪录片。这部电影采用了8张我在《来自水的口信》中发布的照片。

虽然电影导演威廉姆·恩特是个来自IT业界的新锐，但他制作的这部电影却在世界上掀起了一波被称为"Bleep（尖锐声音）现象"的文化高潮。

虽然有40余个国家翻译上映了该片，不过发达国家中只有日本还没上映，不能不说有点遗憾。

到2006年，这次是俄罗斯拍摄名为《水》的纪录片。这部影片在俄罗斯的各大电视台播出，其DVD在欧洲售出了300万张。

显然，电影剧本是以《来自水的口信》为基础的，以"水承载信息"为主题，世界上激进的科学家、精神导师等22位名人陆续在影片中出现，我也参与了表演，请您一定要赏光观看。

回想起来，自《来自水的口信》出版，至今已经过去了12年，学者们就其内容的科学性提出了各种各样的意见。

可是我本来就不具备专业的科研水平，撰写此类图书时，也并未遵循科学根据，最初创作的时候，可以说是在追求浪漫和幻想，他们为什么一定要把我硬推上科学的竞技场，然后对我横加指责呢？结果普通大众也产生了看法，甚至认为我是在花言巧语。

可即使在这种不利的情势下，我的著作还是给予了世界上激进的科学家、精神导师和替代疗法专家以积极正面的支持。

不管是多么伟大的科学，都是以某个人对浪漫

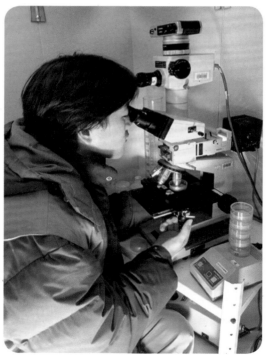

和美德的追求为开端的，从这个意义上讲，我目前所从事的工作或许会被将来的科学家用不一样的方法证实。

正如本书所撰写的这样，人们对水的世界仍旧一无所知。

大家必须承认，所有的存在和宇宙本身，如果没有水是不可想象的。解开水的谜团是当今人类最紧迫的任务。要想解决能源问题、极端现象、粮食问题、环境问题，以及陷入混乱的医疗和教育问题，离开了水的本质可谓缘木求鱼。

对一个外行人的看法吹毛求疵，如果你们认为自己是真正的科学家，那么还是请你们解释清楚人类真正需要的未知物质吧。

最后，我还要感谢全球的出版商和喜欢这本书的读者们，非常感谢！

江本胜

2011年2月7日

序言

你能实现自我治疗

　　很多人对江本博士的研究结果刻骨铭心，他划时代的处女作《来自水的口信》带领我们从简单的认识走向了深远的思考。他崭新的创意难道不值得我们为之欢呼吗？

　　在他的启迪之下，我们对水的敬意油然而生。每当掬水而饮，内心就充满了感恩之情。我在水龙头、淋浴喷头、花圃的喷壶等各种水源处都贴上了标签，上面都写着这样的话，"你能抚慰自己的心灵"。

　　因为运用了江本博士的成果，越来越多的人的事业出现了积极变化并得到发展。把相关知识集结成册，让世界上所有的人都能共享，的确是一

件幸事。

在本书中，江本博士发挥了他渊博的学识，将现代科学、保健与医疗，以及精神世界的感应相互贯通，然后把关于水的认识呈现在我们面前。

我认为，本书应该是江本博士最出色的著作。例如，如果要了解关于泉水治疗功能的神话，那就阅读一下本书中的相关章节。不仅如此，书中还讲述了科学家对水的构造的解释与发现。

我个人非常关注有关身体健康方面的内容。我们经常听人说，每天一杯水如何如何，而这本书则彻底

阐述了水的医疗保健功用。

江本博士和我交往密切，不久前我在自己80岁生日派对上还见到过他。当时博士赠送给我一张漂亮的水结晶照片。这个水结晶是在"You can heal your life（生命的重建）"的话语下形成的。

这句话取自我《安闲生活座右铭》的书中。当时我不禁流下了兴奋的热泪。博士能赠送我这样的礼物真是我的荣幸。

现在能为本书做序同样是我的光荣。江本博士的努力无疑将引起一场革命，这些文章将带动关于水的研究热潮。但愿读者能在本书中发现自己所需要的内容。

罗伊兹·海伊

目录
Contents

.

第一章　水是带来宇宙信息的使者

1994年我第一次拍摄冷冻水的结晶过程，至今已经出版了多种水结晶的摄影集和其他研究成果。这些著述被翻译成各种语言，我也以水的研究为主题，定期在全世界巡回演讲，人们都为这种"直观的"水结晶照片感动不已。

　　对于我和我的助手们而言，过去的10年正是我们进行综合研究的时期。虽然水结晶的拍摄技术还有进一步改进的空间，但是我们亲眼见证了水结晶理解字条的含义，这就已经令人欢欣鼓舞了。在神奇的水的世界里，我们还将有多少新发现呢？

水滋润我们的内心

　　我们为什么对水如此着迷？在远古时代，水是灵魂的重要象征，被视为构成宇宙的本质。生命是从海里进化的，人类的胎儿也是被羊水所包裹的，我们的身体里含有70%的水，类似的现象不胜枚举。

　　水作为一种物质，是地球生命得以存在的必备要素。大家通过学校的物理课都了解过水的不规则性。例如，冷冻的水比液态的水要轻，如果没有这种特性，那么冬天的时候，只怕江、河、湖泊都会被从上到下地冻住吧。可事实上水面的冰形成了一个保护层，确保下面的生物能够繁衍生息。

　　水还能承载压力和浮力。在低洼的阿图瓦地形上挖井，出来的水会形成喷泉。天然喷泉里的水具有滋润心灵的功效，既可沐浴，更宜畅饮。

　　在拙著《水知道答案》前三部中，我以"一滴水的奇异旅行"来说明这一点，现在也可以发展我的观点，将其类比于人的生命。

水之旅

　　水的旅行从一滴开始，然后通过蒸发发生改变。虽然它仍旧是水，却和以前完全不同了。可是，同样的信息依然保存在那里，即使被冷冻也是如此。

　　是不是可以说，蒸发的过程就相当于死亡了呢？然后我们就改变了状态，可是包括我们学过的知识都还原封不动地保留着。

　　直到它再一次和地上的肉体相结合，然后生长、成熟，——正如水蒸发成水蒸气，向上升腾形成云，又变成雨点洒落大地，再经过千百年漫长的时光，又在阿图瓦地形上喷涌而出。我们无法想象水滴在地下的运行，但都为喷泉的医疗功能而赞叹。

　　在圣诞夜绽放开来的水结晶。并且她们每一支都十分精妙。

中心是一个虚无，这也许就是所说的"虚无"吧。

双重结构的美丽结晶。

即使不了解其中的含义，也能发现其中的美丽。

这是一种造就一切的美丽。

日本最古老的寺庙，据说有15000年历史。
其水结晶呈开放状。

水承载着康复信息

长久以来，我一直进行着水的康复功能研究，是第一个将波动测定器引进到日本的人。得益于水所承载的康复信息，我的研究所使众多的人恢复了健康。

在我的人生中，水一直占据着中心位置。我们知道虽然所有细微的东西都可以找到头绪，可世界上的确没有完全相同的雪的结晶。

当然，孩提时代在学校里我们就已经学过这些知识了，我们知道所有的雪花都是一片一片各不相同的，可是在某一个瞬间，这件事突然对我产生了新的意义。我茅塞顿开，每一个水滴也都有着自己不同的个性，难道不能把它们拍摄下来吗？

我的假设是冰晶能够提供关于水的"状态"的信息，这个创意征服了我，——将水冷冻，拍摄它们的结晶照片。因此，借助于高分辨率的显微镜，我在年轻人的帮助下，开始了尝试。

两个月过去了，还是没有结果。终于有一天，大家惊喜万分地看到了水结晶的照片。现在回想起来，就当时的实验条件，能拍出照片真是一个奇迹！

我们在50个玻璃皿上分别滴上一滴水，把温度降低到零下25℃使水结冰，然后在显微镜下拍摄水的结晶。尽管平时摄影间的温度在零下5℃左右，但显微镜下水结晶的平均寿命只有2分钟——因为这种拍摄需要光线，光照的结果就是水结晶会很快融化。

在我的其他著述里已经说明过了，通常情况下，我们在50张照片中只能选出一张，主要是寻找最有表达倾向性的。

水的记忆数据成为我们身体的一部分

水结冰的时候，其分子有规律地结合，形成结晶的核子，当成为六角形时，状态最为稳定。然后它们开始成长，形成我们肉眼能够看见的结晶。这是正常自然状态下的变化，可是如果它接收到不自然、不正常的信息，就不能形成匀称的六角形结晶。

那么我们的假设能否用数据来验证呢？于是我们对不同水源进行了取样调查。实验很成功，拍摄了具有说服力的照片。当时我们求证的是"不同状态下的水结晶外观是否不同"。

结果甚至比我们想象的还要乐观。通过照片，可以看到不同水源的水（比如自来水和天然水）形状完全不同。虽然都是水，却各不相同，因为记忆着旅行过程中的感受——水用直观的形式告诉了我们这一点。天然水是整齐划一的六角形，美得令人窒息。而河流或大坝下游的水几乎没有完整的结晶。最令人震惊的结果来自于用氯处理过的饮用水。当时我们都观察过了天然水形成的美丽结晶，不禁对饮用水这种糟糕的状况痛心疾首。

通过这样的实验，终于可以说"水是有记忆的"了。

水分子一个一个地传递信息，当我们喝下这样的水，数据就成了我们身体的一部分。

看着这些照片，请问一问自己，"我想得到什么样的信息呢？"

声音是波动——让水听听音乐吧

有一天，研究水结晶拍摄的化学家石桥博士问我："让水听听音乐怎么样？"这真是一个精彩的创意。

石桥博士的建议成为无与伦比的美妙照片产生的契机。

具体方法也很简单。把一个精致的水瓶放置在两个音箱中间，让它听音乐。先是播放古典音乐，然后换成现代流行音乐。

　　我们选择的音乐，从格列高利圣歌和佛教音乐开始，到重金属音乐，范围十分广泛。甚至医疗音乐也试过了。例如，我们发现了一种有益于免疫系统的音乐。

　　声音就是波动。现在我们知道，水对波动有了反应，并且用一种非常独特的方法将其保存了下来。我在其他著述中曾详细地阐述过这一点。

　　当让水听音乐的创意付诸实施之后，我再也无法保持旁观者的角色了。

"谢谢"引起的共鸣

　　乍一看，对着水说"谢谢"这种做法很无聊，但我想起了给水阅读字条的创意。

　　先让我们用"谢谢"这个词试一试吧。当我们说"谢谢"时，并不只是从口中发出这个声音，而是同时带着自己的感激之情。我们坚信语言的感染力，更准确地说，我们坚信可以和水这种信使分享语言的神奇力量。

【谢谢】merci（法语）

　　法国人对自己的语言极为自豪，水结晶也体现了这一点，显得轻松自得。

【谢谢】
הדות（希伯来语）

　　古希伯来语虽然衰微了，但现代希伯来语复活了。不论经历了什么历史，"谢谢"都闪耀着美丽的光辉。

【谢谢】Thank you(英语)
世界上使用英语的人最多，显得非常简洁。

　　这是同时展示"谢谢"和"浑蛋"字条所形成的结晶。意外地形成了六角形，"谢谢"的力量削弱了"浑蛋"的负面能量。"谢谢"的波动更为强烈。

【谢谢】【浑蛋】【ありがとう】（日语）【ばかやろう】（日语）

【浑蛋】
ばかやろう（日语）

看了一夜写着"浑蛋"字帖的水结晶不再是美丽的六角形，变得很混乱。

因国家民族的不同，语言会有很大差别。这个水结晶的表现为乱作一团。

【浑蛋】
salaud（法语）

德语的"浑蛋"像一个黑暗而没有出口的洞穴。

【浑蛋】
schurke（德语）

也就是说，我们通过说"谢谢"，就跨入了和语言相共鸣的境界。结果正如我们所预料的那样，水根据阅读到的文字的不同，形成了完全不同的结晶。

只在心里默念就能放大"谢谢"的能量

科学家们一直在努力寻求新发现。生物学家鲁伯特·谢多雷克认为，所有的信息都可以通过波动的形态加以储存，即形态形成场❶（进化场）。

当一个人的口中说出"谢谢"这个词——或者仅仅是内心产生出感激之情时，"谢谢"的形态形成场就会增大，而且越来越强，大家都能对这个词耳熟能详，脱口而出，这种现象的出现也会越来越频繁。

举例说明吧。在北日本的一个小岛上，1950年首次观测到了"百匹猿猴现象"。行为科学小组发现岛上的猴子在吃甘薯前总要洗一洗。最初一只猴子很可能是偶然开始这样做的，然后其他猴子开始模仿它的行为。毫无疑问，猴子们发现洗过的甘薯比不洗的更可口。最后，岛上的上百只猴子都学会

❶ 形态形成场（morphogenetic field）又称为"形象之场"，是英国皇家协会特别研究员鲁伯特·谢多雷克博士提出的一种"共鸣"理论。 他认为不仅声音会产生共鸣，事件也会产生共鸣。"形态形成场"理论最重要的一点是：一旦形成"形态形成场"，其传播就可以跨越空间与时间的界限。

了洗甘薯。

但后来发生了更加激动人心的事情。突然之间，另外一座岛上的猴子也开始洗甘薯了。不过它们不是像第一个岛上的猴子那样一只一只地逐渐学会洗甘薯的，而是像有其他猴子教过一样大家同时都学会了。可是，这两个小岛上的猴子没有任何联系。

难道这种现象还不足以证明形态形成场的存在吗？最初的猴子通过集体行为，形成了"洗过的甘薯更好吃"的信息波动，超过某种临界点之后（例如学会洗甘薯的猴子超过了100只），波动强度就达到了其他地方的猴子也能分享这一信息的程度❶。形态形成场的行为模式完全适用于语言，也就是每一个词汇分别的贡献。请想象一下吧，一个个要素相结合表现出的全息图是什么样子的。

❶ 在日本宫崎县串间市的海边，有座名叫"幸岛"的岛屿。这个小岛上住着100只左右的日本猿猴。这些猿猴会到海边游泳，会把人类喂食的甘薯用海水洗干净再吃，因而获得"文化猿猴"的称号。美国研究新生命科学的先驱莱尔·华特逊，将这种情形称为"百匹猿猴现象"。他发现，当幸岛会洗甘薯的猿猴数目超过一个临界点之后，这种现象不需要经任何介质的传递，也能让其他生活在远处的猴群同时具备这种文化。

　　耶鲁大学的教授要验证鲁伯特·谢多雷克的理论。他们事先准备了一连串希伯来文和同等数量的没有任何意义的词，然后将这两类词混在一起，让学生们看（他们都不懂希伯来文）。教授没有说明这些词中有多少是毫无意义的，而是请学生们猜测词的含义。从统计结果看，大家对希伯来文的猜测接近于正确，同时也发现了其中所包含的无意义的单词。这就证实了鲁伯特·谢多雷克的理论，也能证实我的"言语具有神奇力量"的说法。

　　我相信，因语言的"魂"，水能够读取这种波动信息，因而发出相应的"波长"。我们发现这种现象，结果用肉眼就能看到各种各样的水结晶。实际上，我们能看到某些特定词汇的"魂"的波动。对我们而言，这就如同推开窗户，窥视深邃的宇宙一样❶。

---

　　❶ 古代以来，日本人都十分相信语言的力量。他们认为在上古时，几乎人人都可以以语言作为一种"咒"来控制自己以外的生物。据说能够唤出妖怪真正名字的人便能有控制并将其用之为仆役的能力，即所谓"言灵"。因此守旧或者年长的日本人中，大多数人都有两个名字，一个是由父母隐藏起来的真名，另一个是日常使用的"假名"。这就是出于对言灵的敬畏，唯恐被他人知晓真名后丧失自由，或被改变命运。

医学博士盐谷信男的"正心三原则"：
积极、感恩、不怨

　　当我们深思熟虑，或者侃侃而谈，或者身体力行
的时候，随之产生的能量就蓄积在了我们体内水分的
波动模式里，这样我们周围就产生了共鸣，或者说产
生了超越我们肉体的共鸣。

　　因为我们通过这样的方法对环境等施加影响，为
波动和形态形成两方面不断强化就会得到相应的反
馈。这尤其彰显了我们的意见和言行的重要性。

　　在很久以前，我的恩师盐谷信男博士就使我认识
到了这一点。现在，得益于水结晶的成功拍摄，这种
观点的确可以眼见为实了。

　　盐谷博士在大作《Der Jungbrunnen des
Dr.Shioya(Dr.Shioya's Fountain of Youth)》
（《盐谷博士的青年喷泉》）中，详细阐述了使我们
每个人能更幸福地生活的"正心三原则"。虽然博士
自幼体弱多病，可是却开发出了一种和视觉相结合的
呼吸法。因为博士运用了"创造性的思考与正确的呼
吸"，最终得以健康长寿。60岁以后的博士真的像返
老还童了一样，越活越年轻，他百岁高龄时仍在高尔
夫比赛中获胜，直到105岁方乘鹤西去。

盐谷博士的"正心三原则"是一种使我们每天生活能发生戏剧性变化的简单易行的精神运动。参照我关于"语言的神奇力量"的分析，其主旨与作用就更加明确了。

①积极

例如，强化免疫系统等正面思维可以使我们的身体更健康，这已经得到了证明。这种精神状态（或者也可以称为道德观）和良好生活习惯的规诫虽然有所不同，却有助于从身心两方面维持健康。

这绝不是以前就存在着的那种"对人生的乐观主义"，甚至毋宁说刚好相反。把自己的意识只集中到事情的积极方面，作为补偿，我们通过观看掷起硬币的正反面来探求所有的可能性。

②感恩

所谓感恩就是从心底涌出的感激之情，经常保持这种情绪非常重要。

对真理的认识可以产生能量。

如果我们都有意识地保持感激的心情，就会像共鸣一样引起波动。也就是说，时刻不忘感激之情就能随时改善我们的境遇，这样我们表达感谢的理由就越来越多。目前没有这种基本态度的人，不论巨细，都把注意力集中到值得感谢的事情上吧。或许也有人坚持说自己的人生中没有什么可感激的，可实际上难道每天的生活不值得我们充分感激吗？

③不怨

与不论何事都去感恩相反，人生总是存在争议与不足，我们的思绪和情感就会发生波动，结果越发引起牢骚和怨恨。"不好办"、"真讨厌"、"做不了"、"太难了"、"真麻烦"等情绪都可能带来不快并使人陷入更加苦恼的境地。

水结晶的照片已经告诉了我们，"浑蛋"和"出色"等语言对水造成的影响。

当骂他人"浑蛋"时，就会出现同样的波动，这绝非一个简单的单方面的声明。因为口中说出这样的话时，引起的消极的波动会超出预想地强化这类行为模式。这种波动的不和谐模式会对所有的水包括该人体内的水刻下印记。

我们经常说，应该多赞美孩子（也包括朋友和同事），最主要的根据就是这样做可以增强他们的正面资质。我相信，这种通过发言和思考形成的意识使我们大家都受益匪浅。

尤其是针对别人的言论和判断，首先会影响我们自身。如果我们对整个世界说"浑蛋"，最初的波动会使我们自己的系统充满不和谐的内容并达到相应的状态。

古人云"己所不欲，勿施于人"，对照形态形成场理论就有了新的意义。就连极度自我中心的人，也具有带着同情思考、言语和行动的能力，也应该这样。因为我们都要为自己负责。

另外自制能力比较差，或者有这种精神倾向的人，从言语到情绪都比较自卑。

我们中的任何一个人都有这样的能力，与其给自己的小宇宙下毒，不如在言行方面积极培养它，甚至可以说这是一种义务。看到那么多人因我行我素而四处碰壁，在言语和心情两方面耗费了巨大的能量，其目的和结果却是使自己越来越卑下，这真令人悲哀。这样的人无法从失败中得到助益，也得不到积极的能量。

当我看到水结晶时，这种意思就更加明确了——所有负面消极的杂音对我们自身都是一种伤害。

现在，打破习惯性认识的时机已经成熟了。这里我不想进行什么说教，因为水已经确切无疑地告诉了我们。人生并不复杂，我们大家身体里面的水都已经掌握了这方面的知识，现在只需要我们去发现这些知识。水结晶的照片能帮助我们寻找到这种真实，能够引导我们。

新的治疗效力——多维波动和波长合为一体

在几个世纪以前，我们就知道水有治疗功用和信息传递能力。很多疗法都是以这种知识为基础的。我的研究就是把那些"隐蔽的"性质直观地表现出来。通过把水传递的信息拍摄成肉眼看得到的照片，我们对水的认识也从单纯的化学分子变成一个个生灵。

即使在过去的西方，人们也不认为与自然界及其精灵对话有多么不可思议。到了近代，人们的思考方式越来越机械化，即使自然与精灵等进入我们的意识，我们也已经没有那么纤细的感觉了。如果连这种存在都不承认那就毫无办法了。

水结晶的照片为禁锢在机械世界观里的我们搭建了一座通往全息现实的桥梁。我们在这里所说的"全息"，指的是能够观察到所有部分的整体形象。可以说，水结晶照片是使节，带给了我们观察真实宇宙的洞察力。

人类追求心灵平静，这是人生哲学的发展理由。现在新时代的大幕开启了，面对更加广阔的人生哲学的空间，我们无法关闭自己的心，而我们现在能够发现多维的安宁。只要学会多维波动和波长的结合方法，其波动就成为一体了。

水是诚实的镜子，水结晶的照片明确表现出了不同环境因素对生物的影响。可是这种照片也同时说明了我们对这些恶劣影响并非束手无策，通过爱与感谢，我们还具备着改善世界的能力。我们可以通过精神上的爱和感谢，展开积极的治疗过程。

当看到消极情绪影响下的水结晶的照片时，人们那种与生俱来的恐怖渐渐消失，取而代之的则是对奇形怪状的水的同情。从我们内部产生了"水也不愿这样吧"的看法。虽然是不由自主地想为水做点什么，可结果也同时善待了自己。

关于消极因素中的环境污染，我们已经没有继续啰唆的必要，存在争议的问题只出现在引起更多灾难的有害能量的产生上。我们再也不能对这些消极因素视而不见了，而要从直观到理性地认识它们，通过爱与感谢等积极方法改变它们。这样做的结果，就是我们对这个世界发挥积极作用。秉持这种认识不但我们力所能及，而且是我们的责任。我们这样做绝不是无聊的自慰。

我们究竟想做出什么来呢？我们想让它们以什么形式存在呢？我们每一个人都在寻求着关于自己的思虑、语言及行为的问题答案。尽管我们衷心期待和平，可如果总是发牢骚，吹毛求疵，那么我们的梦想也无从实现。

　　水结晶的照片激发了我们的想象力，我们人类受左脑的支配过多，而图像则影响右脑，其中多数是有着曼荼罗效果的图案。虽然它们只是展示了美丽的照片，可是对左脑也逐渐提出了值得思考的课题，从而对古老的思维模式提出了疑问，这也非常重要。通过这样的方法，水结晶照片也在影响着我们整体的精神结构。

　　单纯的阅读行为是片面的，这和我们只欣赏照片的情况一样。不过只要这两种行为结合到一起，就能产生新的认识，并在我们的日常生活中得以实现。这种印象和我们体内的水相共鸣，通过波动传递精神和灵魂在物理上的沟通交流。

　　就像小孩总有一个不停地问"为什么"的阶段，凡是重要的事情我们都在水这里寻找答案就可以了。我们只要利用这种方法，就能直接对现实敞开心扉。水，的确是给我们带来世界和宇宙信息的信使。

恐怖或苦恼带来肉体痛苦

　　古代的睿智清晰地体现在了水的结晶里。从自由奔流的江河提取出的水结晶呈现出惊人的美丽，而在被大坝淤塞的区域，则无法形成结晶结构。

水一旦不能奔流，就会失去生命力，因为生命之流惨遭截断。我们人类的生命也是如此，对我们而言，和万物一起流变是必不可少的，停滞将带来死亡。

我们从物理学上了解到了这一现象。比如血液过于黏稠的话，动脉和静脉就会出现血栓，心肌梗死和脑中风的危险就增大了。在情感上也是如此。谁都具备的感情，例如苦恼，总是存在着，这样这个人就总是和苦痛相伴，而恐怖、专横、偏见等死板的人在肉体方面也会表现出同样的特征。

水结晶明确地提醒了我们应该过一种什么样的生活，对自然水的保护同样会对我们体内的要素有所助益。不论从哪个标准看，不停运动对我们的健康幸福起着巨大的作用。

这样不仅是帮助我们自己，更是挽救了全部的水。我们不仅关注自己体内的水，也对地球上的水表示敬意，因为所有的水都是连在一起的。我们的确是水生动物，这一点的重要性无论怎么强调都不过分。我们保持对宇宙赐物的敬意，并将这种做法称为睿智是理所当然的。

向水表达爱与感谢

我相信，作为人类，我们的义务是为地球和地球上的水作贡献。对很多人而言，这是一种长期的心理要求。因而现在我们就如同出现"百匹猿猴现象"一样，应该一起成就更伟大的事业。

我们从水结晶那里接收的最重要的信息之一，就是我们的思虑、语言，以及行动都分别象征着我们发出的信息。

让我们每年挑选一天作为"世界爱水节"吧。通过祈祷，我们把思绪献给这种生命之源，从逐渐树立意识的仪式，到开展各种宣传活动。

让每个有识之士都来参与，表达出自己对水的思考和祈愿。

每一个参与者都很重要，每一句爱的话语都意义深刻。

我们的梦想是世界和平，我们衷心祝愿所有人都身心健康，追求自然界、地球以及人类作为一个整体和谐共存。

【爱·感谢·命】

后面再写上"命运"，水结晶就产生了跳跃感。在保持基本的六角形的同时，更使人感受到成长的能量。

【爱·感谢·命运】
【愛　感謝　運命】（日语）

　　看了【爱·感谢】文字的水结晶变得熠熠生辉，简直像个女王。可以毫不夸张地说，大自然的所有法则都是建立在这两个词汇的基础上的。在整个宇宙，爱与感谢也是最重要的。

【爱·感谢】
【愛·感謝】（日语）

康复治疗——体内的水和我们的思维

　　紧密的联系水使我们恢复健康。水有两个内在方面相互联系，即我们已知的物理性质和眼睛看不到的精神性质。

　　人体有大约70%是由对维持生命发挥重要作用的水构成的。例如，水催化复杂的生化反应，不仅维持细胞结构，而且是血液以及其他体液的主要构成要素。还有非常重要的一点，水负责清除所有内脏中有害的排泄物。这些过程的实现完全得益于水的性质。

　　通过与其他科学家对水和水结晶的研究，我相信，体内的水和我们的思维，以及周围人们的思维有着深刻紧密的联系。乐观的思绪影响体内的水分子，从而影响健康以及所有脏器的活动。

第二章　人为什么会患病

水对于我们的幸福不可或缺。

但我们还是低估了水对我们健康的恩惠。

所有的代谢过程都离不开水。

也就是说，对细胞畅游着的"原始的海"保持充分的补给十分重要。为了深刻理解水在我们的健康中所担当的重要使命，有必要仔细考察产生疾病或幸福的背景——生理过程。

多数人可能认为，疾病是等待着进攻机会的潜伏着的宿敌。在中世纪，人们认为疾病是恶灵或恶魔的化身；现在，这些恶灵被换成了病菌、病毒、细菌等。

身体的外在症状，是身体和疾病努力斗争的结

　　果，然后我们针对这些症状，对疾病的过程施加积极的影响。这就是身体本身在50万亿个细胞的帮助下，寻求更强壮的无限可能性。

　　也就是说，所有的单一的疾病，都是身体在处理废弃物（例如伤风或皮肤的不纯物），或者升高体温，把不需要的物质杀死。但是，长年累月地使用身体，带有强烈毒性的物质就不免侵入，身体的修复机能会越来越差。这样我们就出现了健康问题，发病，然后慢性化。

　　我们体内总是存在细菌，因为有健康的免疫系统的保护，并不会引起严重症状。这和癌细胞很相似，几乎所有的人体内每天都产生癌细胞，但是有些人患了癌症，有些人则没有。

这是为什么呢？在这里，免疫系统也同样发挥了决定性作用。也就是说，我们的问题应该是怎样去提高免疫力。

首先，如果我们的代谢能够维持正常机能的话，确实是对所有的细胞的强有力的支持。所谓最好的代谢，也仍然是清除废弃物和有害物质。

但是，我们怎样才能对代谢机能施加正面影响呢？

怎样才能使代谢机能确实有益于健康呢？

身体都市里活跃着50万亿个细胞

你能想象50万亿之众吗？

会不会像那种特大型的都市群？

恐怕不是那么回事。现在地球上的所有人口加在一起，大约是70亿，而人体内部则有50万亿个细胞，每分每秒都在进行沟通交流。作为城墙的皮肤，把每个人，也就是所有类型细胞所共同生活的"都市"围了起来。虽然某些特定的食物来自体内的化学工厂，不过绝大部分食物和物质都是从身体外部摄取的。

都市间的运输机构是水提供的。主要的输入物资顺着流淌的河水被运来，然后货物被卸下来进行分配，再把废弃物装上开往下游的船，离开都市。这是效率极高、无微不至的都市内部物流系统。同样经过精心安排的废弃系统把所有不要的东西都运出去，不让有害的废弃物积存起来。

这样秩序井然的都市，为什么还有人因饥饿和建筑物倒塌而丧生，垃圾山越堆越大，最后竟然威胁到所有地区？

答案很简单。只要用劣质材料盖房，停止供水，阻塞主要的运输线路就可以了。都市里有很多设施，如果不能提供充足的水，它们就会停止运转。

可以说，我们每个人都是一个有着完美机能的都市，我们大家都绞尽脑汁来建造它。不管多么强大先进的超级电脑都无法对抗。可是这个运输过程不被延误，必须有优质的水源源不断地供给。很遗憾认识到这一点的人屈指可数。

身体进行必要的解毒

我们体内所进行的一切都建立在运动的基础上，即使最细微的过程也是如此。所以运动是我们的最高性能。

　　这也完全适合于免疫系统、内脏和心脏系统、骨骼系统、神经淋巴系统、大脑及感情。我们通过运动，能够对整个代谢过程施加影响。现在，让我说明一下在这个代谢过程中都发生了什么事情吧。

　　身体为顺利发挥机能，需要一些原材料，包括碳水化合物、脂肪、蛋白质、维生素、摄取营养成分的酶、矿物营养素（钾、钠、钙、铁等无机物）、纤维等。这些东西被摄入体内，然后被分别运到指定地点。在体内这个"工作现场"，新的细胞被构筑出来。同样，荷尔蒙和酶、蛋白质、一些维生素等也被制造出来。这些全部都是在体内各自的研究所制造的。

　　另外，旧的细胞会死亡，进入废物回收的过程。废弃物产生出来后，借助于解毒专家肾脏、肠、皮肤、肺等器官，废物被排放出去。那么，现在我们已经知道一些体内分分秒秒所发生的事情了吧。

　　使以上这些工作全部成为可能的，就是水这种运输机器。

　　我们体内有着非常复杂的管道网即血管网，通过血管，所有的细胞所需物资都得到供给。这个血管网的状态决定这个体系是否正常运转。虽然有很多因素影响组织机能的顺利发挥，但其中最根本的还是运动。运动是生命最大的秘密。

运动是生命本身，停滞就意味着死亡。一切身体运动的背后的动力，就是肌肉体系。肌肉使血液、淋巴液以及其他体液在体内循环，支持心脏的跳动。所以身体的运动对心脏也有好处。

运动促进循环，结果是我们体内的管道得到冲洗，全体细胞得到酶的供给，所有的营养成分都被送达需要地点，起解毒作用的器官开足马力，必需的荷尔蒙和酶也被制造出来。

所有的一切都正常运转是极其罕见的。这时就需要开始注意一些身体现象了。比如导管变粗，众多的导管确实保证了更充足的供给，或者完全不需要供给的地方也开始供给了等。而身体需要开展必要的工程时就会立刻发出指令，加装新的导管，扩大管道网。

骨骼也变得强壮，软骨和脊椎变厚，以承受更强大的压力。脏器也被修复以发挥出更出色的效果。用这种供给原理也可以说明，运动充分的人比不运动的人骨折愈合得更快。

我们试举一例，来想象一下这个过程的规模。运动着的肌肉和休息的肌肉相比，循环的比率达200倍，也就是说，其细胞为身体供应200倍的原料和氧，以200倍的速度排出废弃物。

虽然难以想象，可是如果把体内的所有血管连成一根，那么其长度可达96000千米，可环绕地球两周以上。这些血管是我们体内的高速公路。

持续数小时观察体内的工作现场可以知道，我们对运动在不断地进行调整。这都是用充足的水以血液的形式通过在96000千米的血管里流动来完成的。

我们体内的运动可谓永久运动，一旦开始，就会一个接一个地连锁运动。每天体内都莺歌燕舞，外部的运动还促进体内运动。如果不进行体外运动，那么心脏只能以最低限度维持。可悲的是很多现代人都不自觉地生活在这种状态里。

这时，整个体系中受影响最大的就是氧的供应。如果生活中缺乏运动，身体就会变成紧急状态下的供应，细胞就只能挣扎着呼吸，身体会出现循环器官障碍、头痛、性无能、失眠等严重病症，这都是由于氧供给不足引起的。为得到适量的氧就需要水。

培特拉·布拉德（医学博士）

第三章　冲掉身体里的堆积物

运动、满足感、良好的饮食是健康和美丽的必要条件。自然健康的美是从身体内部开始的。只要身体内部秩序井然，外部就会同样如此。

　　健康的皮肤不必从表面排放废弃物，所以皮肤外表美的状态是内部美的镜子。例如，只要保持充足的水分，皮肤就光滑夺目。这是良好的身体状态下的正常机能。

　　婴儿的水分保有量大约在75%左右，随着年龄的增长，水量会减少。很遗憾，成年人就是减少到50%以下也不罕见。年轻人里也有很低的。

　　水不仅是细胞必需的物质，对细胞的废弃物而言也是最主要的运输工具。如果运输网络里的水量不

足，就不能发挥正常机能，也就不能把废弃物排放出去。医学用语称之为"堆积物"。

例如，医生们认为，尿酸结晶遇到痛风发作的时候，大脑一部分成为盐堆积物的人就表现为"石灰化"。堆积物长年累月地在血液中被收集起来，某一天就可能会突然心脏病发作或者出现脑梗死、脑中风、肺血栓等。

软水对我们的身体更有效

很多人认为每天喝2升水就足够了，但实际上只有极少数人能达到这个指标。即使饮下了这么多水，也可能会因为方法不当而达不到效果。每天只分两次就饮下大量的水，例如在早晨和晚上，这不是正确方法。这些水没能被有效利用，只是通过了身体而已。

用一整天喝下适量的水才是正确的。这样水就有充足的时间从血管到细胞内的缝隙以及细胞内来浸透身体了。

饮用水尽量采用软水比较好。这和大家不愿意用石灰化的硬水洗衣服的道理一样。软水顺着纤维向更深处浸透能得到更好的洗涤效果，同样，它们遍布于我们身体的各处才会发挥作用。还是尽量饮用不含有微量石灰和矿物营养素的碳酸软水吧。

这和现在的主流观点正好相反。各种"保健"水都大做广告，强调自己含有大量各种各样的矿物营养素。这种饮料的极致就是那种保健饮品吧。

但是越来越多的保健专家认为，无论对身体多么有益的东西，如果过分摄取的话也只能得到消极的结果。没有随着生化反应而摄取的矿物营养素，发挥不出最好的效果，即无法到达细胞深处。

相反，它们成了剩余物，排放不出来，结果往往在细胞缝隙间积存下来。从长期来看，这些东西加重了系统的负担，有可能危险地制约着代谢过程。

纯水冲刷体内的堆积物

在古代典籍中，经常可以看到中国的一个古老词汇，叫"长寿水"。这是不计得失地花费劳力从高山上取来的水，只有上流社会才能得到。它们是雨水或雪融水的"甘露"，经过了自然蒸馏或来自清澈的降水，十分纯净。但非常遗憾，这种过程已经无法进行了，现在来自空中的雨水已经是被污染过的了。

中国传统智慧告诉我们，纯水对健康大有裨益。从生物化学的角度来讲，这种信念很容易理解，可是却和医学相对立。

针对纯水的消费，往往有两种观点。第一种是渗透压。可以把动物细胞看成是玻璃试管，注入纯净水，细胞膨胀，最后破裂，不同的液体浓度就变成了同一浓度。也就是说，细胞无法经受流进来的水的压力而破裂❶。

反对纯水的人同样考虑人体内部发生的变化。因每个人的状况不同，这种观点明显有偏差。纯水在进入口腔的瞬间，就已经不是纯水了。随着深入体内，

❶ 隔着半透性膜倒入两种不同浓度的溶液时，低浓度溶液的溶媒通过半透性膜往高浓度溶液中渗透，渗透压指这时的溶媒对半透性膜所产生的压力。

变得更加浑浊。

针对纯水消费的第二种观点，是这种水冲刷走了体内珍贵的矿物营养素，引起矿物质缺乏。但是，前面我们已经阐述过了，富含矿物营养素和钙的水总会在细胞间制造堆积物，妨碍代谢机能的发挥。正是因为能够冲刷掉这些堆积物，才有必要饮用纯水。

并且，因为体内排出的矿物营养素是精确计量的，不会排出超过身体所必需的量。如果有必要，它们可以返回到皮肤处，然后通过汗排泄出来。这是为田径运动员做体检的日本科学家发现的。这种观点只能给我们提供明确的理由，说明饮用纯水对身体健康是有益的。

如果这个理由不成立，那么美国和亚洲的超市里还出售纯净水岂非咄咄怪事！泰国还打出标语，宣传"这种水有益于健康"。可是同时，德国和其他欧洲国家的医学生却认为纯水是威胁生命的东西。

我的家人为了身体健康已经连续10年饮用纯水了。每人每天大约饮用3升，身体状态良好。你知道吗？蒸馏水冲的咖啡和红茶味道更好，而且蒸馏水更适合制造优质的啤酒和婴儿食品。

培特拉·布拉德（医学博士）

第四章　吃水胜于喝水

即使居住在买不到纯水的国家，也可以自己制作。可以使用过滤器，或者用蒸发法来提纯蒸馏水。实际上，蒸发是自然界净化水的方法。自然界采用冷蒸馏，家庭采用热蒸馏。

　　热蒸馏的过程是水在蒸发之前受热上升，然后螺旋状下降，变回液体形式。不纯物留在了加热水的容器里，实际上这个方法能够测试家庭里的自来水。在一个大锅里装进水管流出的水，使之蒸发。如果住在人口稠密的地区，或者以硬水为主的地域，这种测试将成为你饮用纯水的开始。

　　水蒸气蒸馏的过程改变氢原子和氧原子的顺序，有可能丢掉有益的信息。为防止这一点，可将蒸馏水对着日光，搅拌，或者让水听一些平和悦耳的音乐。用这种方法，使水带上积极的倾向。

其他方法还有过滤。过滤也有各种各样的方法，不管哪种方法，都有着和除尘器同样的问题。一方面，滤网的网眼必须小到什么程度才能保证灰尘一点也不剩；而另一方面，它的网眼必须大到什么程度，灰尘才不至于阻塞。

市面上出售的滤网总是标榜自己能保持这种平衡，可是谁能保证矿物营养素通不过去呢？而不含任何矿物营养素的水则是"死水"，所以安装在水管上的过滤器还不能把所有的矿物质清除。

那么"活水"的标准是什么样的呢？

是水果里面的水吗？

是能形成美丽结晶的泉水吗？

可以明确的是，决定水的生命力的并不是矿物营养素的存在，而是水所带来的信息。这种物质性标准是无法量化的。必须考虑这种能量。

如果想把水完全净化，通过逆渗透或许能实现。水经过非常细的滤膜，因为网眼非常小，所以水的纯度和蒸馏水一样。逆渗透的滤膜可以接在主管道上，然后再用前面介绍过的方法使水活性化。

吃水胜于喝水

把水送入体内最好的方法莫过于摄取水果和蔬菜。

这种方法不仅可以简单地摄取所有的矿物营养素和维生素，而且可以摄取千百年来植物呈现给人类的各种物质。用这种方法摄取的水进入血液会更平缓，提供经过生化反应的矿物营养素。身体对水和矿物营养素的摄取更有效果。所以，可以说身体摄取水的最好的方法是"吃"而不是"喝"。

这并不是难事。很多水果和蔬菜90%以上都是水，甜瓜、柑橘、葡萄甚至98%都是水，所以要尽量"吃"水。这样饮水才最正确。水果色拉和苹果等不仅可口，而且有助于保持健康。

爆炒等烹制过程会使食物脱水，所以对于水果和蔬菜应该尽量生吃。鱼或者肉在烹调过程中也会失去水分，烹制的温度越高，失掉的水分就越多。所以，食物要尽量低温烹制，您将得到美味的享受。

不要忘记大量饮水

如果过去10年没有怎么喝水，或者没有运用对身体有效的方法去喝水，那么人生将更快地进入下半场。非常悲哀，老年人往往自己不做饭，有着最小限度摄取含水食物的倾向，他们的水分不足将加剧。

所以在这个方面，应该做些积极努力。岁月流逝，应该摄取富含新鲜水分的食物。它在身体和精神两个方面有助于我们晚年的生活。

为美国宇航员开发的结肠洗净疗法

几千年以前，医生为加快治疗进程，发明了浣肠疗法。到今天人们仍然浣肠，但完全是不同的技术了。

美国为宇航员开发的结肠洗净疗法可以把肠彻底洗干净。从效果上看，可以清除有毒物质构成的腐败物即粪便。通过渗透过程，可以简单安全地把肠上的有毒物质清除。

在某些特定症状上，这种方法发挥出了戏剧性效果。例如只要治疗一次，就可以彻底告别花粉症或偏头痛。有时还能舒缓戒烟者的戒烟症状。

人体内肠的面积大约为300平方米，如果想把肠洗净，就用注入肠的水把代谢残留物和有毒的废弃物清除，然后通过直肠排出体外。

如果你想要一种更健康的生活，那么每年进行一两次"体内洗浴"是洗净代谢残留物的绝佳机会，还可以亲身感受水的医疗力量。

培特拉·布拉德（医学博士）

第五章　体内的水决定健康

所谓精神生活是从真正理解水的力量开始的，不论在什么环境下，水都能滔滔奔流。水根据容器改变形状，翻卷着旋涡不停地运动，沿着河岸滔滔流动。水就是生命本身，在运动过程中，从一种状态变化为另一种状态，以不同的周波数波动共鸣。

　　正所谓"山不转水转"，水弯弯曲曲从山间流出，受热之后蒸发到空气中。

　　水和宇宙本身同样神秘，水掌握着生命的所有秘密，只要一滴，就有可能包含着人类治疗所有疾病的蓝图。

　　研究表明，人体中大约70%为水，各种细胞、脏器，以及其他体内组织都含有一定比例的水，而决定着人体的健康和平衡的正是水。

已故名医、《Your Body's Many Cries for Water》（《水是最好的药》）的作者F.哈特曼林奇博士发现，身体有清理淘汰机能，这种机能正是受惠于水。

在他的著作中有这样的话：

> 经过22年，对脱水症的分子生理学临床研究有了新见解。6000万美国人患有高血压，1亿1000万人患有慢性痛，1500万人患有糖尿病，1700万人患有哮喘，5000万人患有过敏症，他们都在等待渴死。如果他们理解水既是天然的抗组胺剂，也是有效的利尿剂的话，就可以把他们从健康问题引起的苦恼中拯救出来。

这段话明确揭示了水的治疗功能，堪称科学与精神相融合的"生命技巧"的最好说明。

从根本上治疗身体的"生命技巧"

对水的研究，用实验证明水的力量的本质，因为人类身体的全部要素，细胞、内脏、组织都是由水构成的，所以我们今天通过水结晶研究终于知道，就像水受到影响一样，我们的身心健康也受到水的影响。

水的研究成为生命锻炼的媒介，所谓生命技巧，就是身体通过自身的症状和我们进行对话时，我们对其传达的内容进行理解的技巧。

生命技巧源于中医和阿育吠陀医学❶，同时也能在常年经验和生物学方面找到根据。运用运动疗法中的反射运动测试体力时，解释了生命技巧在潜意识下被闭锁，然后经过调整可以促进解脱。也就是说能够从根本上治疗身体。这是和量、质、水的波动、食物、休息、运动，以及所选择的生活方式分不开的。生命技巧可以唤醒人类精神的活力。

我的生命技巧之旅，可以说是经验、导师指引、施术的集大成者。我学习采用的物理疗法构成了这种智力游戏中的重要方面，最大限度地治愈患者。施术的背后就是关于水的生命秘密的发现，永远地改变了我对人体治疗的可能性的见解。

❶ 阿育吠陀医学可以追溯到公元前 5000 年的吠陀时代。它以世界上最古老的有记载的综合医学体系而著称。印度的医学体系包括阿育吠陀（Ayurveda，又称生命吠陀）医学和悉达 (Siddha) 医学。它被认为是世界上最古老的医学体系。5000 多年来，它被无数印度传统家庭中使用着。

我愿意把我的经验和大家分享。1998年夏，想读帕尔玛推拿大学的罗布·摩根到我的事务所做实习生，为做一个聋哑按摩师做准备。有一天，罗布完成了一天的工作，面对我打出了"爱"的手语。看到这个手语，我的内心意想不到地产生了强烈的感动。

在这种感动的鼓舞下，我对罗布进行了各种各样的肌肉测试以观察反射作用，水平不断提高。（所谓肌肉测试，指的是测定部分指标肌肉或使用不随意反射神经组织的平衡和健康状态。）

我检测罗布的身体，发现了他在反射上的弱点，发现我一打出"爱"的手语，他手腕上的力量立刻就增强了。但当时我还没有理解这种表现的重要性。

决定性的瞬间，是我看到了水结晶的照片。

那照片第一次为我心目中已知的真实，即爱与感谢所保持的治疗功能给予了物理性说明。我将手语形态的爱与感谢、推拿、针灸、顺势疗法、运动疗法、身体综合修炼、神经语言波导、中国能量医疗、自然疗法等各种各样的能量疗法和技巧都联系了起来，而水结晶照片就是其中的联系媒介，结果成就了我"生命技巧"的综合体系。

水的研究给了我力量，我也开始使用暗视显微镜，检测记录运用生命技巧治疗前后人体中红细胞的变化，进行分析。实验结果证明生命技巧可以让血液中的分子立刻发生变化，患者的症状完全可以消散或消除。

新皮质、边缘类组织、原始爬虫类脑的"三位一体"活动

唤醒我生命技巧的触媒是关于水的研究，不过生命技巧的起源还综合了其他科学家的研究并将之具体化。他们就是保罗·麦克里恩（Paul MacLean）博士和布鲁斯·利普顿（Bruce Lipton）博士。他们的研究进一步证实了江本博士的假说。

保罗·麦克里恩现在是位于美国马里兰州浦尔斯维的"脑进化与行为"实验室的主管，他对于脑的研究和江本博士对水的研究有着直接关系。因为脑的90%都是水，其机能当然受水的性质的直接影响。

在50多年以前，保罗·麦克里恩博士是世界公认的神经学者，他设想人类颅腔内的脑并非只有一个，而是三个。他将这个理论称为"三位一体脑理论"，他说这三个脑的运行机制就像"三台互连的生物电脑，各自拥有独立的智能、主体性、时空感与记忆"。据他的研究，"新皮质、边缘类组织、原始

爬虫类脑"这三种脑形成了集团，每个脑通过神经与其他两个相连，但各自作为独立的系统分别运行，各司其职。对这种"三位一体脑"的调整过程是人类将机能适当发挥出来的最重要的特点。

在这里，我简单地说明一下三位一体脑的机能和定义。

①新皮质是合理思维和创造性表现等高认知机能的仓库，在这一点上，人类和其他动物有所区别；它管理着我们的自由意志、选择能力及所有行为。

②边缘类组织是短时记忆或情感、注意、直觉、食欲、战斗、逃避、性行为等的仓库。当这个脑处于劣势时，为延续生命其进入催眠状态或引起原始爬虫类脑的反应。

③原始爬虫类脑的目的是单纯的延续生命。主导着顽强、执著、冲动、仪态、分裂，负责修复、调整心律、呼吸、代谢、免疫、荷尔蒙等身体机能的变化。原始爬虫类脑对于所统辖的机能没有进行意识性选择的余地。

根据三位一体脑理论，三个脑的协调统一主导了思考、感情、信念的电力波动。在此之前，研究者们认为新皮质作为人脑的最高层，控制着其他的低端脑层。保罗·麦克里恩否定了这一说法，他指出，控制情感的边缘类组织系统虽然生理上位于新皮质之下，但在必要的时候能够干扰甚至阻止新皮质高阶精神功能的实现。

在所有的"瞬间"，身体都接受原始爬虫类脑的调节指令，这些被支配的机能胜于因果关系的法则，即原始爬虫类脑不具备学习能力，只有延缓生存的本能。这是纯粹的机械的过程，所以身体无法区别现实和意念。当封闭在边缘类组织内的刺激诱发出来的时候，原始爬虫类脑的反应则是令身体像初次体验那样进行对应。

水的研究，帮助我们认识到了特定的感情是体内细胞所含有的水分子构造出现了物理性衰变的结果。这种物理性衰变，使身体生命力的机能和效率都出现困难。

只要对刺激不能从心理上做出处理，那么身体就不能从生存本能反应下获得完全的自由。

通过这样的研究，我得出结论，边缘类组织为了防止新皮质对创伤、刺激等冲击性经验做出处理，就做出应激反应。用这种"对话"来唤起身体的注意，等候释放不能消解的感情。

当新皮质处理创伤或处理情感时就出现了痊愈和变换。这种过程是在眼球快速运动的深度睡眠中完成

的。这种新皮质的信息信号促进短期记忆向长期记忆
转变。也就是说，人从创伤经验中学习，其结果就是
能够处理"现在的瞬间"出现的事情。

库雷恩·维斯曼（博士）

第六章 爱和恐惧影响着体内细胞

在科学和精神的融合与联系方面，我汲取了细胞生物学家布鲁斯·利普顿（Bruce Lipton）博士的成果。他的研究领域是知觉和健康的关系。利普顿博士的功劳在于使我们理解了自己对环境的认知怎样形成自身的信念。而我的生命线技巧则进一步解释了精神压力和症状等潜在意识的意义，以及遗传因子有着调整固定化信念的潜在能力。

　　利普顿博士还发现了细胞的"头脑"，一个个细胞就好像是小海洋一样。他从我们所熟知的DNA即脱氧核糖核酸入手。

　　DNA于20世纪50年代初期被发现，这一科学成果是诺贝尔奖获得者詹姆斯·沃森（James

Watson）和弗兰克·克里克（Francis Crick）以罗塞林德·富兰克林（Rosalind Franklin）的研究成果为基础得出的。

他们以后的科学家从遗传学角度认为，DNA就是细胞的"脑"，如果这一假设成立，那么人如果携带有乳腺癌、炎症性大肠炎、躁郁症等遗传性因子的话，最后肯定会发病。这种DNA遗传性评价的结果，导致了一些女性在身体还没有什么症候的情况下切除了左右两个乳房。

正如利普顿博士所论证的那样，DNA并非细胞的"脑"，这简直令人悲哀。利普顿博士进行了实验，将含有DNA的细胞核摘取了出来。

根据他的假设，如果DNA是细胞的"脑"，那么一旦被摘除，细胞就会像人被摘掉大脑一样当即死亡。可是实验结果却正好相反，细胞还继续存活着。于是利普顿博士利用解剖学方法，一点一点地分析细胞，最后终于发现细胞的"脑"是蛋白质受容体。

所谓蛋白质受容体，就是一种膜组织，像天线一样不断向细胞核传递信息。它们不只位于细胞核的外侧，也是我们的感觉器官，如视网膜的圆锥体或圆柱体，还有鼻子和耳朵中的纤毛。我们所有的感觉受容体都是蛋白质创造的，它们捕捉声音和光线的波动周波数，然后发送给大脑，再由脑通过脊椎传递给身体的特定部位。

这样，我们就只能认知我们相信的东西，信念对组织我们身体的所有细胞、内脏以及其他系统的水分子结构有着直接影响。江本博士为我们演示了"外部环境"的认知究竟怎样对组织"内部生理机能"的水分子结构产生了直接影响。

而我的生命线技巧将封闭在潜在意识里的信念交易调整释放，为外部环境和内部生理机能两方面都带来了意识的觉醒。

世界的真实情感只有"爱"和"恐惧"

对水结晶的研究表明，这些意味深长的词汇直接影响身体的分子结构。对无限的爱和感谢加以定义，有助于我们理解它们真正的价值。

从时间和世界开始，直到季节或生命本身的周期，宇宙是无限的。因为宇宙一直在持续扩大，所以我们无法给其定义。也就是说，作为宇宙的产物，人的精神也可能是无限的。

无限的宇宙和精神是广阔的未开拓领域，有着无限的神秘。要想认识无限宇宙乃至无限精神同你的关

银河中的仙女座

系，必须首先理解人的无限的可能性。这个世界的真实情感只有"爱"和"恐惧"，如果没有了"爱"，那么就只剩下"恐惧"。所有的其他感情，都是这两种感情的扩大。

恐惧的体验是无可替代的。真正的恐惧在危机濒临的瞬间突然产生，然后立即就得到释放。这是受原始爬虫类脑支配的生存本能使然。如果不能在不断的恐惧中生存，那么人生的结果就只剩下虐待和苦恼了。

如果你改变了认识方法，你也就改变了现实。选择爱，接受爱，无条件的宽容是这个世界最强大的康复能量。

那么，面对生活中的困难和冷酷，我们怎么办呢？唯有以"感谢的态度"接受它们，去认识它们的价值。

它们的意义就在于使我们超越了虐待和苦恼。

纵观历史，那些伟人在最困难的时期都保持坚韧不拔，认为所有的困难都是成长和精神觉悟的原动力，而我们大家都有成为英雄的能力。

所有这一切，都从无限的爱与感谢开始。

变化是生命的本质

生命技巧又一次把思维、感情、选择能力和我们的意识连接起来。不管我们遇到什么困难，只要坚信所有的变化都是你的绝佳机会，那么你的精神就会向组织体内细胞分子构造的水输送积极的电波。一般情况下我们总是想："如果我发现了合适的人或事，或者发现了解决问题的方法，那么一切都会变得很顺利。"可是，如果我们不改变自身，那么同样的人际关系、财务困境、健康问题就会一而再、再而三地找上门来。

现在，我们用生命技巧和无限的爱与感谢，可以把潜意识的言语简单地加以理解和转换。生命技巧就可以证明水的疗效、人本身的自我治疗、内心的和平以及同环境的相互调和等诸多力量所产生的无限可能性。

根据生命线转换与创造的法则，感情变化为能量，能量产生运动，运动就是变化。变化是生命的本质，如果恐惧变化，那么人就会陷入苦恼。

治疗的过程，就是你的精神自我觉醒的修炼过程，也是进化的旅程。

库雷恩·维斯曼（博士）

第七章　试着倾听水的声音

水影响我们的生活，这已经确凿无疑，正因为如此，人们才每每对这一事实视而不见。但是我们都知道，孩子们看到水就会又蹦又跳。你注意过吗？在空荡荡的房子里，只要放一罐水，就能消除孤独感。

　　近来，我们无论走到哪里，都随身带着水。郊游也好，运动也好，为恢复体力，我们总拿着水瓶。水可以润泽我们的身体，可以洗净伤口。水量不足的时候，我们就会死亡。地球大约有三分之二被水覆盖，而我们体内的水也接近这个比例。对我们的思维和能力而言，还有其他如此优秀的传递媒介吗？

　　虽然自然界毫不吝惜地赐予了我们生活，但我们必须对周围环境保持敏感。在这方面，动物是人类伟大的老师。

　　前不久我去攀登新墨西哥的高山。当时夹带着闪电的灰色雨云飞快接近，告诉我暴风雨就要来了。当附近充满离子的时候，一道闪电射出，释放出了充满电磁波的能量。我看见了一匹黑色的骏马跳跃了起来，头颅高扬，尾巴上翘。为了防止雷击，它跳离了地面。这匹马本能地知道怎样把自己从能量束中解救出来。开始下雨了，它站立着，让雨水抚摩自己的身体。

　　我认为，水和人有着原始的联系。水是生养我们人类的至亲，是人类产生"生命的飞跃"的一大要素。水使我们精神焕发，心情舒畅，同时也是反映我们情感的神奇力量。

　　这种能量有颜色和特别的形状，我们能够观察到它的全部。另外还有我们视觉所不认知的外在，即"无色之色"。水的状态良好的时候，会发出五彩缤纷的光芒，通过波动获取信息。

　　如果想深度利用水的治疗效果，不妨暂坐片刻，试着倾听它的声音。你心情舒畅的时候，请默想水的风景，例如微风吹拂的山中湖泊、广场上美丽的喷泉、带着咸味的海水、沙漠上的季风、深山里的雪融水等。

　　尝试着在头脑中浮现出这样的风景。

体内的水认知你想象中的风景，能感到变化吗？

这些要素相互共鸣，会出现什么样的物理体验呢？

你体内的节奏和韵律一点也没有改变吗？

寂静之中你能听见水对你的诉说吗？

置身于寂静与沉默，倾听一下它对你的悄悄话吧。

其内容是水的语言明确的指南。

你在这种睿智的指引下，立下自己人生的誓言。

你得到了这样珍贵的恩惠，内心继续倾听平缓的水流，梦境中从水那里得到治疗的信息，难道不是非常珍贵吗？

米兰达·阿尔克特

英格兰格雷斯顿佩里的"铁泉"

第八章　水对你的身体说话

天气炎热的季节，我们到海边或者河边徜徉的时候，能够感受到水的神秘。水调整着热的平衡，让我们想到所有的生命都是从水中开始的。

　　水对我们的身体说话。我们体内存在的水，原封不动地反映了地球上水的状态。富含盐分的水就像海一样，充盈着一个个细胞，被三种主要体液运到需要的部位，就像河流一样。

　　然后内脏就像湖水一样，蓄积着体内的信息，用来传递感觉。和地球一样，我们身体的70%也是水。

　　水也是有性别的，而且是女性的。它由曲线构成，不断地螺旋状回旋，翻卷着旋涡。如果停止流动，水就开始沉淀，引来腐败或疾患等负能量。

我们体内的水总是流动的，和地球上的水一样。

水孕育了生命，并使生命持续。

在水中有生长膨胀的能力。

并且水能溶解固态物质并排出。

水的自净能力非常重要。在山间流淌的溪流只要流出130多米就能把一只羊的尸骸分解掉。

我们的生命是从装在一个袋子里的水中开始的，这个袋子也就是通常所说的生命摇篮所处的温暖的海中开始的。胎儿和这个海成为一体，利用母胎内的水成长。这时婴儿开始接受信息，知识通过羊水的通道送进来。

同样，我们从水的治疗力量可以看出，母亲也能通过水这个媒介传递感情。身体创伤和精神打击都使胎儿不稳定，反之爱和宽容等正面情感则带给婴儿营养。

我长年研究的结果是，水能感受到因情感起伏引起的细微波动所带来的影响。现在我们通过研究，发现感情可以对水施加直接影响。

不管是包含一个个细胞的海、血液、淋巴或羊水的河流，毛细血管和细小的神经细胞构成的涓涓细流，像胃一样的大湖，还是像眼球一样的深潭，只要体内的水不充沛，或者疏于运动，那么它最佳的形态和机能就将停止。

　　当我们没能认识情感，或者没能将它表达出来的时候，它还是会被压抑在体内，这样思维就趋于凝固，行为就模式化了。

　　依据我的经验，这种情况在体液中产生，往往会带来疾病。有专家研究成果表明，很多生化学的问题和疾病存在情感方面的原因，在生活中这样的实例往往很常见。

　　　　　　　　　　　　　　　　　　奇利·杰斯特

第九章　慢性的体内水不足是疾患的重要原因

人一旦陷入脱水症状，会怎么样呢？弗雷顿·巴特曼肯利基博士的研究表明，"体内慢性的水不足是人类所有疾患的原因"。如果水分不够，人类就失去了与维持生命所必需的物质的接触，结果给体内系统带来紧张。影响所有的体液，使信息传递线路紊乱，在所有方面都失去正常机能。而如果没有充足的水分，流动着的生命智慧也就无法滋养我们了。

　　例如，我们学习新知识时，会检索头脑中的既有知识，然后把新知识加进去。认识总结原来的知识需要大量水分。大量摄取水分对学习过程非常有用，我们在学校进行了这方面的尝试，取得了积极成果。

　　大脑里的神经系统是由脑脊髓液作用的，如果这个部位缺少水，大脑和神经系统就会陷入紧张、不安和混乱，最后导致学习困难，动作笨拙。不巧的是，因为神经为了应付新局面需要更多的水分，所以紧张本身就能引起脱水症。

对水的理解同样适用于体液。利用运动科学的力量测试，可以简单地检查出一个人是否患有脱水症。哪里出了问题，对体内的系统会产生什么影响，最初的原因是什么等，都是可以弄清楚的。以前的创伤、打击，目前的精神状态，以及其他所有问题都有可能引起不平衡。

一位不安和机能紊乱的哮喘女性曾来拜访我，她完全没有脱水症状。她也知道每天要喝6~7杯水，茶、咖啡、果汁等还不包括在内。尽管如此，我还是判明她的神经系统存在脱水。

不知什么原因，她体内的那个区域不吸收水分。使用运动科学的方法寻找根源，知道好几年前她的家庭事件成为紊乱的导火索，她的哮喘也是从那个时候开始显现的（这种症状也是脱水的症候之一）。

有效的疗法是先寻找导火索，然后接受它，发现能够恢复平衡、健康、活力的适当的能量法。

使用这样的能量法，我们使这位年轻女性的神经系统水分恢复了正常状态。治疗以后，她不再不安和紊乱，呼哧呼哧的喘息声也没有了，她超越了创伤，开始迈出人生的新步伐。

恐惧不安和变化的情感反应是继承来的

水在描画着螺旋形的时候，充分表现了其创造性。凡是生长着的东西都呈螺旋形。蕨类植物的叶子扩展开来，豆芽破土而出，蔷薇的花朵盛开，只要仔细观察，就能发现它们都处于螺旋形活动的作用下。

我们细胞中心的DNA也呈螺旋状，也就是说，传递人类遗传性质的是双重螺旋构造。在中国的传统教育中，先祖的影响就是通过这种双重螺旋形结构加上水的因素加以继承的。后来遗传学这门科学出现了，它表明我们不但从先祖那里继承了身体特性（体格、眼球颜色、遗传病等），而且也继承了感情状态。这种特性通过体内流动的水，尤其是肾经络的能量通道保持了下来。

一个年轻人想以更加自信的态度迈向人生的下一个阶段，他来求教于我。他没有自信，对变化的东西表现犹豫。我们发现他肾经络的能量非常低。通过他的DNA发现他的父亲也是这种性格，甚至可以向上追溯到16代以前的先祖那里。

【2001年9月11日纽约】

　　这一天，发生在纽约的事件震惊了世界，反恐战争因而扩大，至今已有比9.11事件更多的无辜者丧失了生命。这张照片预示了不只是纽约，整个世界都陷入了混乱。

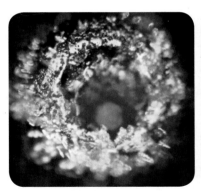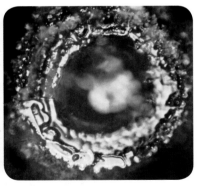

　　"亵渎"的意思是"玷污神圣的东西"。日语和英语的水结晶非常相似，都呈破坏状。这就给了我们启示，我们不能继续污染水，而是要尊重她。

【亵渎】
冒　（日语）——blaspheme（英语）

【怎么也不行】どうせ無理（日语）

不管是对自己还是对他人，总是遭到否定就会变得破败不堪。还是不要给人负面评价的好。

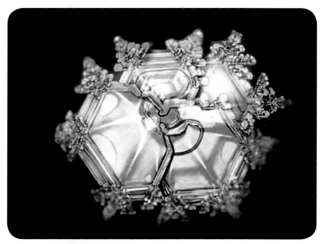

【不可能】できない（日语）

表现得和"奋斗"一样，在大家的帮助下，正接近完成。

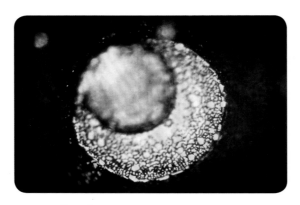

【不可以】ダメだよ（日语）

变成了非常糟糕的形状。否定的词汇不但影响自身，而且对周围也产生了恶劣影响。

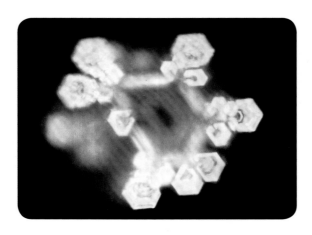

【真累】疲れた（日语）

看到了这个字帖，水变细了，显得很可怜。如果你有"真累"这个口头禅最好小心，体内的水会迅速瘦小下去。

【悠闲】余裕（日语）

　　这个结晶看上去松软轻柔，但是中央却充满能量。

　　他对变化感到恐惧，这正是他所经历过的感情。而且他认识到自己的父亲也面临同样的问题。

　　根据肾经络能量的动态，我们成功地恢复了DNA和水要素的平衡，使他体内各系统的水达到最佳状态。这样他就从恐惧中解脱了出来，从精神上改变了生活方式，充满着自信。

　　在古代传统中，水的要素和滋养及养育有关。在美洲原住民的意识中，太阳为父，有着爱和热情的大地为母，他们的女儿就是女神、植物的精灵——水。所以原住民认为，她（水）给这个世界带来了生命和美丽。时至今日，美洲的原住民仍旧恪守着这种尊崇古代神话和自然界平衡的美德，而居住在欧美发达国家的则已经淡忘了过去。

　　针灸治疗肾经络的首要部位就是足底的涌泉穴，这是注入能量的最大的穴位。当我们步行的时候，这个穴位受到刺激，就像水泵一样促进体内的水充分流动。我们知道，水在体内循环是自然的，如果流动减弱则会出现沉淀。步行，或者从事一些自己爱好的运动，可以促进循环。呈8字形运动，体内的水的流动就得到了活力。在身体的旋回中，柔软性和体液迅速流动起来。摇摆舞的表演者们无疑深知这个道理。

奇利·杰斯特

第十章　自身发出的信号影响体液

"I know it in my water."这是句古老的格言，这里的水指的是羊水，意思是直觉。

如果水有记忆，这句格言并不夸张。什么是健康呢？水的记忆告诉了我们完美状态下保持运动的必要性。并且水还记忆着被传递过的微妙的能量。

实际上，记忆就是波动。有时它甚至很强烈，用波动的形式传递体内信息时，身体整体的机能得以恢复。顺势疗法等就基于这种理论，利用吸收保持信息的水的力量。

艾特瓦德·帕奇博士考察花朵的香精，就是基于类似的理论。为提高自我治疗能力，利用了花在水中波动的方法。

体内的水随时准备接收周围的信息。我们通常获取信息依靠感觉器官。从身体到周围环境，它起着彼此联系的出入口的作用。也就是说，所有的生命都是相互联系的。

　　这里有一个共同因素，就是水。人类从体内获取信息，体液收集数据将其送到体内的适当地点。这个信息也向外界传递。然后在一起的人们把特定的反应再返回。体内就有一个类似的系统在发挥这种作用。也就是说，自身发出的信号影响自己的体液。爱、感激之情、和蔼等信息发生正面作用，相反消极反应最终成为我们健康生活出现问题的原因。

　　我长年研究自然疗法，越研究，越感到水的重要性。水是创造并维持健康和幸福的关键。前面阐述的研究成果说明的是，世界上的水和人体内的水，影响着我们和这个地球的健康。

　　人类都追求活力和幸福健康。而我们有水这个伙伴。只要理解水所拥有的滋养和治疗力量，就会感觉到水为我们而和我们同在。水负担着将全人类和这个地球上所有的生命联结在一起的使命。我们应该从感受自己各个部位之间的联系开始。

与水共生的技巧

〇每天喝6~10杯水，处于学习状态或有压力的人应该多喝。

〇为维持水分平衡，适当摄取盐分。

〇早上起床后，喝1~2杯水来冲刷体内，为新的一天注入活力。

〇要不紧不慢地喝，向体内充分提供水的能量和营养。

〇为排出体内毒素，净化身体内部，要一口一口地慢慢喝。

○为充分吸收，含在口中几秒再喝下去。

○自来水要放置一会儿，使氯气去掉。

○为提高水的能量，搅拌和使用一些活性化的工具。

○使体内的水管运动，进行跑步、走路等足部运动，在自己心情喜悦的时候运动。

○按摩足部。

○自言自语或与人对话时，保持感恩、敬畏、宽容的心态。

奇利·杰斯特

第十一章　世界上所有的水都是相连的

水把世界包裹起来

　　一天清晨，当我在佛蒙特州的湖边冥想时，美丽的湖告诉我，"所有的水都是相连的"。

　　"水始终和其他的水相连，世界上的水是一个整体，即水用液体的形式把世界包裹起来。所以对一部分水施加的影响势必涉及全部的水。"

　　在加利弗尼亚州索诺玛郡西部海边的山里，这里是水量充沛的地区。冬季的时候降雨达2000多毫米，很多时候是倾盆大雨，雨水沿着山坡流了下去，山间的河流就会泛滥。我们面对吞噬一切的肆虐洪水，不得不学会保持敬意。我们知道，如果道路、桥梁这些人工建筑阻碍了水流，那么大地上就会充满不可预知的危险。

　　鲑鱼和硬头鳟就生长在这片山地的水流中。因为此地洁净的河底沙石为鱼类的繁殖提供了不可或缺的温床。每到夏季，鲑鱼和硬头鳟从海里溯流而上，到河里产卵，然后死亡。它们的尸骸通过河流为大地和森林提供营养。

　　可是，一个多世纪以来的大规模砍伐和开垦，使沙石上面都布满了淤泥，水洼到夏天就干涸了。为保护神圣的水，我们也必须保护鲑鱼和硬头鳟，修复大地的创伤。

　　水的表现是谦卑的（humble），这个词和腐殖土（humus）的语源相同，意思是"贴近地面"。净化水的最大贡献者都是最谦卑地接近地面的生物——细菌、有益微生物及植物等。排水系统是吞食病原菌的生物的栖息地，模仿自然界的净化过程，建造人工湿地或污水处理生态系统，通过营造细菌、藻类、植物、鱼的生态圈来达到处理污水的目的。

　　可以说，建造净化系统，是用实际行动为水祈福。

21世纪的资源战争围绕着水

　　我的朋友鲁伊撒是尼日利亚约鲁巴族人。

当我出外旅行，询问她想要什么样的礼物的时候，她说："水，水就可以了。"从此，我开始收集世界上特殊地方的水。

经过了20多年，在我们这里集中了世界上的水，包括南极在内的大陆、海、清泉，还有一些水来自我们举行抗议活动的地方。这当然是我在佛蒙特州湖边得到的想法——世界上的水是相连的整体——的具象化行为。

近年来，水的保护成为我和我的朋友们的中心工作。当今世界，水已经成为可以买卖、私有化、可供炒作倒卖的物资，而有10多亿人则处于难以得到安全饮用水的状态。

"告诉我，在你的家乡，水是谁的？"

"在我的家乡，水不属于任何人。"

"可总是有人想占有水。"

"水不属于任何人。水是大家的，谁都离不开水。"

"如果这样，那岂不是谁都拥有水了？"

这段对话是1993年的一本小说中的片段，表现了人们内心的纠结，预测了21世纪人类的资源战争是围绕着水进行的。如果我们要保持水的神圣，水不是对立的原因，而是预示着和平、丰收、生命之源，那么就必须采取行动，确立和保护人类对水的权利和获取方法。

斯塔霍克

卢尔德泉的爱与祈愿

卢尔德泉，法国上比利牛斯山麓城镇卢尔德附近洞穴内的山泉，天主教圣地之一，以治疗疑难杂症有奇效而闻名，被称为"神水"。

矿疗泉

考古学家们从青铜器时代后期开始，发现了矿泉的水疗效果。矿泉（well）的词源是wella、wielle和waella，在古英语中意味着天然泉及流水。也可以说，具有医疗效果的水源就是温泉或者河流、小溪的上游。

在欧洲，有很多河流被冠以女神的名字。例如，达纽布河就是用凯尔特神话中的地母神达努的名字命名的，而高卢女神塞纳的名字则命名了塞纳河。

在世界各地都能发现矿疗泉，在欧洲则更为集

古罗马神话中的女神密涅瓦（雅典娜），起初被视为女战神，后逐渐变为智慧女神和雅典城的守护神

中。据说爱尔兰有3000处以上的矿泉，其中很多都被视为爱尔兰神话中的女神。

其中最有名的矿疗泉，无疑是位于法国南部，供奉圣母玛利亚的卢尔德泉。在卢尔德泉，每个月都能出50个医疗效果报告，至今已经有66例被科学家所证明。

科学家们也在研究卢尔德泉以及其他矿疗泉的特性、效能以及电磁场。米兰大学的生物学家恩松·希克洛博士从卢尔德泉开始，收集了各种矿泉，包括克罗地亚的默主歌耶泉、葡萄牙的法蒂玛泉、意大利的圣培露泉等，据称圣母玛利亚曾出现在这些泉水旁。

希克洛博士把少量"圣母玛利亚的水"加进普通的自来水中，自来水的pH值、传导率、氧化还原电位表示溶液的氧化力和还原力。转瞬之间就得到了优化。

这方面的专家Ａ.恩撒罗尼也做过类似实验，在自来水中兑入四十万分之一的卢尔德泉水，自来水的pH值就会出现降低。恩撒罗尼还把卢尔德泉水加进氯处理水中❶，尽管卢尔德泉水只是很少量，但还是延迟了氯的分解。

---

❶ 氯气可以作为一种廉价的消毒剂，一般的自来水及游泳池就常采用它来消毒。但由于氯气的水溶性较差，且毒性较大，容易产生有机氯化合物，故常使用二氧化氯（ClO_2）代替氯气作为水的消毒剂（如中国内地、美国等）。

位于法国南部的供奉圣母玛利亚的卢尔德泉

希克洛博士还注意到人沐浴过的卢尔德泉水因人体排出的毒素而变得浑浊，检验水中的残留物，发现那正是病原体的中和物。他认为，"根据光学光电子实验可以得知，矿泉标本水中存在着所有的光波动参数，这是普通水中绝对不可能出现的现象。实际上，正是由于完美的波动参数集合，可以和病原菌发生反应，防止人体发生病患。"

也有的科学家利用检测生命能量的bovis scale（博维斯刻度），对卢尔德泉水进行检测。作为地球能量的基准，bovis的能量单位在6500以下的物质，可以看成对生活存在负面影响电荷；6500~8000之间以及8000以上的是正电荷，对人生有积极作用。可是卢尔德泉水的bovis scale居然达到了50万。

阿兰·沃卡

另一个世界的入口

俯瞰大地，树木繁茂的山谷间，河流在蜿蜒流淌。

从古至今，对当地人而言，曲曲弯弯的河流以及从英格兰仅有的三处温泉上升腾而起的蒸气，想必就是一道亮丽的风景吧。和水蒸气一起喷涌而出的，还有混杂着矿物质的刺激性气味。柔软泥泞的地面，夜空里星光璀璨，似乎在逗弄升腾的热气。森林里栖息的动物们在拍打树干，不时鸣叫几声。这是一片梦幻般的土地。

根据凯尔特神话，公元前9世纪有一位名叫布拉达德的导师，因患有严重的麻风病不能从政而被赶出了宫廷。

布拉达德在巴斯泉的泥中，治好了自己的病。

在布拉达德以后的公元前800年，巴斯成立了训练学校，开设艺术、天文、数学等课程。

20世纪70年代后半期开始了温泉挖掘工程，前罗马时代的遗迹被相继发现，出土了七千年前的硬币和供物，并且发现了古罗马人在温泉周边修筑的建筑物外墙。他们为表达对凯尔特神话中的女神司丽斯的敬意，称这片土地为司丽斯的水（Aque Sulis），接着又建起了寺院，供奉司丽斯·密涅瓦❶，构成了现在凯尔特的遗迹。

这处遗迹位于规模浩大的肯克斯温泉西侧，镶嵌在克罗斯巴斯神圣的森林中间。在发掘初期，

---

❶ 在罗马神话中，相当于司丽斯地位的是密涅瓦，是智慧和战争女神。

克罗斯巴斯泉

发现了石质的祭坛，虽然是供奉希腊罗马时代的医神埃斯科拉庇俄斯的，可是这个神所统辖的神殿（Aesculapia）却是人们来沐浴休息的地方（有小间的密室）。

并且，历史记载，包括玛丽女王在内的历代女王都光临过这座克罗斯温泉，17世纪初叶这里就相当有名，詹姆斯一世的王妃安妮（丹麦的公主安妮）曾来到这里。洗过温泉的她很快怀孕，可谓天赐之子。18世纪撰写的温泉疗效介绍里，表述了温泉作为不孕症的特效药，有发挥作用的可能性。

在乔治时代的英国，在社交界头面人物的关照下，巴斯温泉更是成为了游览观光胜地。1822年，巴斯专门为富裕阶层治疗神经疾患的医生们明确宣布温泉对治疗风湿、痛风、麻痹性疾患，以及消化不良或胃酸过多、胆汁症、腺体闭塞等机能障碍、疑病症、歇斯底里等具有特效。这时，巴斯的很多当地人就已经开始依赖巴斯泉维持生计了。

他们贩卖温泉水，或者从事治疗辅助性工作，开设土特产商店，为前来治病的患者寻找住处，帮忙推轮椅等。

但是，到了20世纪70年代，一切都结束了。

1976年，国家卫生机构宣布，患者即使浸在奇迹之水中，也和自来水一样并无疗效。不久之后的1978年又发生了一起悲剧。肯克斯温泉的水受到了污染，一位少女因髓膜炎而夭亡。一夜之间，政府禁止入浴，造访罗马浴场博物馆的观光客都被警告不要去接触那些泉水。

为了内部净化，暂时关闭温泉无疑是必要的。自从禁止入浴以来，水温出现了变化。三眼泉水都是从石灰岩的带水层涌出的，既不含有硫磺质，也不受火山活动影响。克罗斯泉从地下2900米深处涌出，水温最低，为39.4°C；鲁汀克泉水温最高，为48.8°C；肯克斯泉为46.1°C。但是现在，不管哪一眼泉，水温都大致相同，为43.8°C。

根据对泉水的矿物学调查，所有的温泉都含有高浓度的钠、钙、氯离子、硫酸离子等。虽然分析方法存在一些不同，可是在过去一个世纪以来，泉水的成分并没有发生变化。

再次开放的巴斯温泉SPA

我和曼卡雷德相会于1998年，那以后发生了很多事情。巴斯市议会对温泉二次开发计划数年争论不休，赞成派和反对派都搞了签名运动。当地强大的反对势力和地方自治组织以及开发商们都缺乏法律方面的根据，使最后的裁决陷入泥潭。结果，二次开发的乔治王朝风格的克罗斯浴场规划，以当地居民的优先权加上费用折扣这种令人郁闷的休战协定的方式得以巴斯温泉SPA开始计划建设，2006年8月开张。最后，曼卡雷德似乎认为这种对克罗斯泉的改造"是一种对女神的整容手术"。

整个工程花费4300万美元，是当初预算的1.5倍，可谓庞大的工程。这座能够在英国唯一的自然温泉里入浴的新式SPA由新建部分和改造部分构成。工程师们使用了玻璃以及从当地开采的石灰岩。为了把中央部分做成立体结构，凿掉了建于1920年的浴池。

整个建筑的最顶层是个露天泳池，下一层是由雕花石柱围成的蒸气浴室，在新式霓虹灯的映照下，从中央装置处喷出香雾。治疗室、瑜伽房和普拉提场地一应俱全，最下面的一层是巨大的温水池。

这种温泉的疗效非同一般，运营公司这样介绍：

凡是因运动伤害、风湿痛、皮肤病及其他各种疾患而苦恼的人们，都可以通过这里的SPA确实感受到治疗效果。巴斯重新开设的这座SPA，抽取了真正的温泉水。现代生活存在着巨大的精神压力，为了身体健康、心情愉快，这里是舒缓身心的最佳场所。

浸泡用浴室使用了降到33°C的天然水，为了过滤沙子和强化紫外线杀菌，使用了最低限度的氯。

理查德·波门

牢记水的恩惠

即使是瓶装水，也要牢记水的恩惠

从您注意到水的恩惠的那一刻起，在每天的生活中可以创造属于您自己的仪式。当您洗浴时，不要认为这不过是日常生活的一个习惯而已，而要在浸入浴缸前，感谢水的恩惠，"这是在净化身体、心灵和精神，重新振作，演绎新的人生。"

您需要拿出时间来沉静内心。具体内容无关紧要，即使是一天的平静生活也要尽量重视才好。

这样，您就能沉浸在水的恩惠里，同时为更深刻的享受做准备。

不管在什么样的情况下，都要去注意享受水的恩惠。即使是饮用瓶装水，也要在一口一口饮用的同时将这一点牢记在心。

通过内心，你可以看见水分一点一点地润泽你全身的细胞，从而使你的全身都焕发活力。或者就像随身携带一个喷雾器，当你感到心烦意乱时，让水雾"唰"的一下喷到脸上，享受水的飞沫。

这样，身体和精神就都得到了水的祝福，并且你还会对周围的一切都产生感激之情。

根据自己的愿望，创造自己的仪式吧。

治疗和感恩

在摇曳的烛光和飘逸的音乐包裹之中，四位女性闭着眼睛躺在椅子上。她们的脚都浸在温水里，表情舒缓悠闲。在她们面前都有人为她们按摩足部和涂油。

这些女性正在进行古老的沐足仪式，而服务人员则尽量使她们的意识集中到水中。

"真是太稀奇了！"一位女性在仪式之后这样说道，"虽然只是浴足，但是心情却格外舒畅。我们的手和脚似乎都融合到了一起。"

在仪式开始之前，我们祈愿水发挥出治疗效果。然后大家都放松心情，只感受到手脚的变化。

祝福人生的水

马克和梅丽达是坠入爱河的一对情侣，他们都为能够得到对方而感到幸运，于是决定在感恩节——在美国，感恩节是每年11月的最后一个星期四。这一天结婚，委托我策划整个婚礼活动。

我的安排很简单朴素。婚礼的核心就是给每位来宾一个祝福新人的机会。我准备了一个水钵，每位朋友都向水钵内注入一点水，同时奉上祝词。

婚礼上，满载祝愿的清澈的水是那样的光彩夺目，马克和梅丽达将水注入高脚杯，在相互含情脉脉的注视下一饮而尽。剩余的水他们带回去冷冻了起来，在结婚一周年之际再次饮用，剩余的用来浇灌庭院里的树木。

这样的仪式，适合在生日、毕业、告别等人生出现重要转变的时刻举行，适合于祝福与祈祷。

品尝水的滋味，称颂水的慈爱

请倾听水的声音！

那豪迈的海潮，潺潺的小溪，还有轻柔的细雨……

请感受接触着肌肤的液体！

有的如细绢，有的则激荡，就像我们在母胎中的时候，全被它们包裹着……

请看一看阳光照耀下的水面！

激流撞上岩石，泡沫四散，或者静静地流淌，流向无底的深湖……

请嗅一嗅水的气息！

潮水那独特的味道，还有那古老河床上清灵的瀑布……

让我们倾听水的声音，品尝水的滋味，称颂水的慈爱，用水来祝福一切。

归纳一下你对水的印象，它给你留下了什么记忆？

你可曾忆起夏日里那井水所带来的清凉，或者在大海里的畅游，那涌动的波浪逐渐靠近又退去？

你可曾走过漫长的尘埃飞舞的道路，然后慢慢享受淋浴带来的畅快？

你可曾见过壮丽的瀑布落下断崖？

你自己对水有什么样的体验？

安静的房间里，或者就在你的内心，感谢和赞美这些记忆的时候，你会祝福水这一神圣的礼物。

如果，你想体验这一恩惠的能量，就请闭上你的双眼。

你心中会荡漾起波光粼粼的湖水，还有汹涌大海的飞沫。

　　水的声音和感触更是生机勃勃。这样你就能听凭身体和宇宙相互调和。

　　像河流那样自由自在，像瀑布那样丰润充沛，像大海一样波涛澎湃。

　　让神圣的水引领我们的人生吧！

马里奥·库存拉布利